Krupesh Chauhan
Rushabh Shah
Ruchika Patel

Desenvolvimento do índice de retrabalho no terreno na indústria da construção

Krupesh Chauhan
Rushabh Shah
Ruchika Patel

Desenvolvimento do índice de retrabalho no terreno na indústria da construção

Identificar as possibilidades de retrabalho antes do início dos trabalhos de construção

ScienciaScripts

Imprint
Any brand names and product names mentioned in this book are subject to trademark, brand or patent protection and are trademarks or registered trademarks of their respective holders. The use of brand names, product names, common names, trade names, product descriptions etc. even without a particular marking in this work is in no way to be construed to mean that such names may be regarded as unrestricted in respect of trademark and brand protection legislation and could thus be used by anyone.

Cover image: www.ingimage.com

This book is a translation from the original published under ISBN 978-620-2-31770-2.

Publisher:
Sciencia Scripts
is a trademark of
Dodo Books Indian Ocean Ltd. and OmniScriptum S.R.L publishing group

120 High Road, East Finchley, London, N2 9ED, United Kingdom
Str. Armeneasca 28/1, office 1, Chisinau MD-2012, Republic of Moldova, Europe
Printed at: see last page
ISBN: 978-620-8-01847-4

Resumo:

A indústria da construção enfrenta problemas significativos de elevados custos de entrega de projectos, mau desempenho financeiro e incapacidade de fornecer valor aos clientes em tempo útil. Um dos principais factores que contribuem para este retrocesso é o retrabalho. O retrabalho é definido como o esforço desnecessário de refazer uma atividade que foi incorretamente realizada da primeira vez.

Neste trabalho de investigação, foi realizado um inquérito por questionário com várias razões de retrabalho. O inquérito foi realizado na cidade de Surat, na região sul de Gujarat. Das várias literaturas, 48 causas de retrabalho foram finalizadas em 7 grupos principais, que foram verificados quanto ao seu impacto na construção utilizando o método IMPORTANCE INDEX (IMPI) e as causas mais cruciais foram utilizadas para desenvolver o FIELD REWORK INDEX (FRI). A pontuação do FRI entre 14 e 30 corresponde à fase de aproximação, entre 30 e 45 à fase de vigilância normal e entre 45 e 70 à fase de alerta de retrabalho. Depois de o questionário FRI ter sido distribuído em 11 estaleiros de construção civil, 3 estaleiros (27,27%) estão a ter uma abordagem bem sucedida, 8 estaleiros (72,73%) estão a ter probabilidades normais de retrabalho e 0 estaleiros estão a ter um alerta elevado.

ÍNDICE DE CONTEÚDO

LISTA DE ABREVIATURAS

SPSS: - Statistical Program for Social Science

PS: - Project success

FRI: - Field Rework Index

IMPI: - Importance Index

CII: - Construction Industry Institute

RR: - Retrospective Rework

SDLC Software Development Life Cycle

SRMT Software Requirements Management Tool

CMMI Capability Maturity Model Integration

MCDM Multiple Criteria Decision Making

CAPÍTULO 1

INTRODUÇÃO

1.1 GENERALIDADES

A indústria da construção enfrenta problemas significativos de elevados custos de entrega de projectos, mau desempenho financeiro e incapacidade de fornecer valor aos clientes em tempo útil. Consequentemente, o sector tem sido amplamente criticado pelo seu fraco desempenho e produtividade ineficaz. Um dos principais factores que contribuem para este retrocesso é o retrabalho. O retrabalho é definido como o esforço desnecessário de refazer uma atividade que foi incorretamente realizada da primeira vez. Na sua essência, o retrabalho e os desperdícios tornaram-se reconhecidos como sintomas endémicos que não acrescentam valor e que afectam seriamente os aspectos de desempenho e produtividade dos projectos de construção.

A indústria da construção baseia-se principalmente em projectos e existem várias complexidades inerentes aos projectos de construção, tais como lidar com interesses diversos de várias partes interessadas e as alterações daí resultantes. Devido a estas complexidades caraterísticas da construção, as alterações podem ser consideradas inevitáveis em alguns casos; no entanto, as ocorrências não controladas de retrabalho e desperdícios devem ser efetivamente controladas de forma mais eficaz. Isto melhorará essencialmente vários objectivos visados da gestão de projectos de construção no que diz respeito a prazos, objectivos de custos e qualidade de produtos e serviços.

O retrabalho é um dos principais factores que contribuem para o desperdício de tempo e para a ultrapassagem dos prazos, o que acaba por influenciar os custos, os recursos e a qualidade. O retrabalho traduz-se em horas extraordinárias, na contratação adicional de recursos, como mão de obra e trabalhadores da fábrica, em derrapagens no calendário e em reduções no âmbito e na qualidade do projeto.

As consequências adversas do retrabalho incluem a redução dos lucros, a perda de quota de mercado, a reputação prejudicada, o aumento da rotação da gestão e da mão de obra, a diminuição da produtividade, o aumento dos custos e, finalmente, litígios dispendiosos entre os participantes sobre a responsabilidade por derrapagens e atrasos. (De acordo com Davis, Lebetter e Burati (1989), o custo adicional da construção causado pelo retrabalho pode atingir

12,4% do custo total do projeto. Do mesmo modo, Love (2002a) sugeriu que o retrabalho aumentava normalmente os custos totais do projeto em 12,6%. No entanto, os custos reais podem ser substancialmente mais elevados, uma vez que estas conclusões não têm em conta os atrasos no calendário, os custos de litígio e outros custos intangíveis da má qualidade. O custo indireto do

4

retrabalho, de acordo com Love (2002b), pode ser até seis vezes superior ao custo da retificação.

O objetivo desta investigação é determinar as causas do retrabalho nos projectos de construção, bem como o impacto do retrabalho no desempenho do projeto, especificamente no custo e no tempo do projeto. Para além disso, esta investigação pretende desenvolver o Field Rework Index (FRI) para reduzir a ocorrência de retrabalho.

1.2 NECESSIDADE DE ESTUDO

Os erros de conceção e construção podem ter consequências graves nos sistemas de projectos de construção, incluindo várias falhas, como deficiências de conceção, alterações de critérios e outras categorias. Por conseguinte, uma apreciação abrangente dos mecanismos que causam o retrabalho permitirá melhorar o desempenho do projeto.

O retrabalho representa uma nova terminologia no dicionário da construção e torna-se essencial quando um elemento dos trabalhos de construção não satisfaz os requisitos do cliente ou quando o trabalho concluído não está em conformidade com a documentação do contrato.

Há muitas causas que podem levar ao retrabalho em projectos de construção, algumas das quais são diretas e levam a que as actividades de trabalho sejam realizadas mais do que uma vez. Além disso, outras causas são indirectas e podem levar ao retrabalho de forma indireta. Independentemente destas causas, o retrabalho resultante terá o potencial de afetar negativamente o tempo e o custo do projeto, bem como a satisfação do empreiteiro e do cliente.

O retrabalho em projectos de construção pode afetar significativamente o custo do projeto e o desempenho do calendário. Em projectos grandes e complexos, é preferível que o retrabalho não detectado na fase de conceção seja afetado como fator oculto na fase de construção.

Ao comparar os impactos do retrabalho de acordo com as caraterísticas do projeto e ao medir as fontes de retrabalho, identificam-se os projectos mais afectados pelo retrabalho. Assim, o retrabalho é um dos aspectos ocultos que também deve ser objeto de atenção para reduzir o seu impacto e ocorrência.

1.3 OBJECTIVOS DO ESTUDO

Os principais objectivos deste estudo são,

- Estudar as principais causas do retrabalho.
- Analisar as causas do retrabalho
- Desenvolver o FRI com base nas causas identificadas para otimização dos trabalhos de construção.
- Implementar o FRI desenvolvido para identificar as possibilidades de retrabalho dos projectos

em curso.

1.4 ÂMBITO DOS TRABALHOS

O âmbito do presente estudo é o seguinte,

*   A área de estudo está limitada ao sector da construção civil da cidade de Surat.
*   O levantamento foi mantido apenas como um ponto de vista dos engenheiros do local.
*   Apenas o método IMPI (Índice de Importância) da MCDM foi utilizado para efeitos de análise.
*   O FRI foi gerado utilizando as 14 principais causas de retrabalho.

1.5 METODOLOGIA DE TRABALHO

A metodologia de trabalho está dividida em quatro etapas, que são descritas a seguir

*   PASSO: 1

Inicialmente, foram estudadas várias literaturas relacionadas com as causas do retrabalho e foram finalizados para análise 7 factores com um total de 48 causas.

*   PASSO: 2

As 48 causas finalizadas foram colocadas no questionário do IMPI e enviadas aos engenheiros da indústria da construção civil da cidade de Surat para obterem o seu feedback e, com base no seu impacto, foi feita a priorização.

-   PASSO : 3

Após a definição de prioridades, os 14 principais factores de acordo com o IMPI foram selecionados e utilizados para o desenvolvimento do FRI. Este pode funcionar como um sistema de alerta precoce para projectos de construção em curso.

-   PASSO : 4

O FRI desenvolvido é distribuído em projectos de construção em curso na cidade de Surat para identificar as possibilidades de retrabalho desses projectos.

CAPÍTULO 2
REVISÃO DA LITERATURA

Foram estudados documentos e artigos de contextos indianos e estrangeiros relacionados com os fundamentos e as várias causas do retrabalho, para se ficar com uma ideia clara sobre os mesmos. Além disso, a literatura relativa aos métodos a utilizar (IMPI e FRI) foi estudada para se ter uma ideia clara de como esses métodos podem ser aplicados na análise.

Sr. No.	Contents	Details
i.	**Title**	Effect of Rework on Project Success
ii.	**Author(s)**	Faisal Adnan & Imran Haider Naqvi
iii.	**Publication Details**	Sci. Int. (Lahore),27(1),575-580,2015 ISSN 1013-5316; CODEN: SINTE 8
iv.	**Description**	• This paper provides an insight to project success (PS) factors & criteria. • A random sample of 224 project team members working on various software projects was selected from an estimated population of 500. The responses were collected on a 5-point scale ranked between 1-5. • Reliability of questionnaire was checked through cronbach's alpha. Correlation & regression analysis were used to test the research hypothesis. • This study concluded that rework was dependent on the total project completion duration. • And also in this research it was found that small to medium term software projects faced high magnitude of rework while long term software projects faced very high magnitude of rework

Sr. No.	Contents	Details
i.	**Title**	Effect of Rework on Project Performance in Building Project in Nigeria
ii.	**Author(s)**	Oluwaseyi Ajayi & Opeyemi Oyeyipo
iii.	**Publication Details**	International Journal of Engineering Research & Technology (IJERT) (ISSN: 2278-0181; Vol. 4 Issue 02) (February-2015)
iv.	**Description**	• This study intends to examine the causes and effects of rework in building projects. • A total of 98 questionnaires were distributed and 52 were returned given an average response rate of 52%. • Total 26 causes of rework and 15 source of rework were examined using Statistic package for Social Sciences (SPSS) 17th edition. • The statistic tools used are descriptive statistic via percentage, ranking, average percentage, regression and mean item score (MIS) was used to analyze the data. • In addition, in this research it was found that small to medium term software projects faced high magnitude of rework while long-term software projects faced very high magnitude of rework. • Poor communication with design consultant, use of poor quality materials and poor workmanship are the main causes of reworks in building projects. • study recommends that early identification of the causes and sources of reworks by consultants and contractors on building projects will reduce the effect of reworks

Sr. No.	Contents	Details
i.	**Title**	Analyzing Causes for Reworks in Construction Projects in China
ii.	**Author(s)**	Gui Ye, Zhigang Jin & Martin Skitmore
iii.	**Publication Details**	American Society of Civil Engineers (ASCE) (10.1061/ (ASCE) ME.1943-5479.0000347) (2014)
iv.	**Description**	<ul><li>In this study, 39 causes were first identified through a comprehensive literature review and semi structured interviews with 13 experienced construction professionals.</li><li>425 questionnaires were distributed by e-mail, postal letters, and on-site distribution out of which 337 questionnaires were returned, which comprised 125 emails: 102 by post and 110 questionnaires collected from construction sites.</li><li>Data analysis was done using mean and standard deviation.</li><li>Cronbach's coefficient alpha is 0.919, which is higher than the 0.8 value needed for the scale reliability to be accepted</li><li>Top five causes of rework from results analysis was:-<ol><li>Unclear and ambiguous project process management</li><li>Poor quality of construction technologies used</li><li>Use of poor construction materials</li><li>Active rework made by the contractors to improve quality</li><li>Design error/omission because of too many design tasks and time boxing.</li></ol></li></ul>

Sr. No.	Contents	Details
i.	**Title**	Construction Small-Projects Rework Reduction for Capital Facilities
ii.	**Author(s)**	Carl T. Haas, Paul M. Good rum & Carlos H. Caldas
iii.	**Publication Details**	American Society of Civil Engineers (ASCE) (10.1061/ (ASCE) CO.1943 7862.0000552 (2012)
iv.	**Description**	This paper presents a generalized model for a rework reduction program (RRP), which is intended to reduce rework by managing a continuous improvement loop with four functional processes: (1) rework tracking and cause classification, (2) evaluation of rework and its causes, (3) corrective action planning, and (4) Integration of changes into the total management system. • The findings and conclusions are drawn from the completed analysis of a time-series database of projects executed primarily by three contractors in a utility's maintenance and modification program. • The investigation covered the implementation process of the rework reduction program, the classification of the causes of the rework, the corrective actions executed, and a quantitative analysis of the impact of the rework on the series of projects.

Sr. No.	Contents	Details
i.	**Title**	The effect of project types on the occurrence of rework in expanding economy
ii.	**Author(s)**	L.O. Oyewobi, A.A. Oke, B.O. Ganiyu, A.A. Shittu, R.B. Isa & L. Nwokobia
iii.	**Publication Details**	Journal of Civil Engineering and Construction Technology, Vol: 2(6), pp: 119-124 June 2011.
iv.	**Description**	<ul><li>This paper presented the research conducted on twenty-five federal government construction projects that had already been completed between 1999 and 2008 in tertiary institution in Niger State.</li><li>This research reported 37.26% of time overrun and 9.88% of cost overrun. The average percentage of rework costs of 3.47% was recorded on the entire project considered..</li><li>While the rework cost for new building was found to be 5.06 and 3.23% for refurbished building projects.</li><li>Therefore, it was concluded that to improve project performance and to reduce the menace of rework costs, there is need for consensus to be reached on a workable mechanism to bring together the client and the contractor to minimize change orders and introduction of additional works during construction phase.</li></ul>

Sr. No.	Contents	Details
i.	**Title**	Factors Influencing Reworks Occurrence in Construction: A Study of Selected Building Projects in Nigeria
ii.	**Author(s)**	L.O. Oyewobi & D.R. Ogunsemi
iii.	**Publication Details**	Journal of Building Performance ISSN: 2180-2106 Volume 1 Issue 1 2010.
iv.	**Description**	• The work was categorized under three main headings; technical, quality and human resources factors to actually dig down into the casual of rework. • 77 variables were identified in all for all the three factors aforementioned. A structure questionnaire was self-administered on projects identified to have experienced rework amongst the selected projects and these were ranked according to their perceived degree of severity. • Considering each of the factors, relative importance index was determined which was then used to rank the variables according to their degree of importance. • Based on the findings from the projects considered sub-standard services rendered by professional rank most under technical factor and closely followed by defects. • Quality factors have lack of support to site management as the most severe variables which was induced by lack of teamwork, this followed by late involvement of users and lack of trust and commitment on the part of the participants within the industry. • analysis only precipitated 32 variables that really explain the pattern of correlation with a set of observed variables. Meaning only 32 of the 77 observed variable contributed to rework occurrence of the studied projects.

Sr. No.	Contents	Details
i.	**Title**	Root Causes & Consequential Cost of Rework
ii.	**Author(s)**	Robin McDonald, CCM, LEED G.A.
iii.	**Publication Details**	P.E.D. Love is with the cooperative Research Center for construction Innovation, Department of Construction Management, Curing University of Technology, Perth Australia.
iv.	**Description**	<ul><li>This paper evaluates the impact of rework on direct and indirect construction cost for project types, project industry, and project size and procurement methods in various categories.</li><li>By recognizing the impacts of rework and its sources, the construction industry can reduce rework and eventually improve project schedule and cost performance..</li><li>In this paper total 20 reasons of rework under 5 main groups were analysed.</li><li>14 causes of rework were prioritize and used to develop the FRI which serves as a performance indicator with the objective of reducing rework and ensuring the intended purpose could be completed before the start of construction.</li><li>Rating Chart was also develop which gives indication of chances or rework.</li></ul>

Sr. No.	Contents	Details
i.	**Title**	Factors Contributing to Rework and their Impact on Construction Projects Performance
ii.	**Author(s)**	Adnan Enshassi, Matthias Sundermeier and Mohamed Abo Zeiter
iii.	**Publication Details**	International Journal of Sustainable Construction Engineering & Technology (ISSN: 2180-3242) Vol 8, No 1, 2017
iv.	**Description**	• The objective of this research is to identify the factors that contribute to rework and to investigate their possible impact on construction project performance. • 57 rework factors that categorized under seven groups were identified and used for analysis. • In these paper total 20 reasons of rework, under 5 main groups were analyzed. • 200 questionnaires were distributed out of which 175 were returned. Data were analyzed using descriptive analysis such as the Relative Importance Index (RII), mean, and Kruskall-Wallas test by employing SPSS version 17. • The results of this study indicated that the most important rework causes that have a significant impact on project performance are: attempt to fraud, competitive pressure, ineffective management, schedule pressure, and the absence of job security. • The temporary nature of workers in the Gaza Strip leads to errors and rework.

Sr. No.	Contents	Details
i.	**Title**	Measuring the Impact of Rework on Construction Cost Performance
ii.	**Author(s)**	Bon-Gang Hwang; Stephen R. Thomas, Carl T. Haas, and Carlos H. Caldas.
iii.	**Publication Details**	Journal of Construction Engineering and Management © ASCE / March 2009 / 187-198
iv.	**Description**	• In this study an attempt has been made to check impact of rework in construction project. • 359 projects of different category and different size were selected for study and analysis was done using Statistical tools. • This study explored how construction cost performance is affected by rework and concluded that rework contributed most to cost increases in light industrial owner reported projects and heavy industrial contractor reported projects. • cost range between $50 million to $100 million for both owners and contractors were also among the most susceptible to the rework • design errors/omissions and owner changes may result from poor project definition, inadequate project planning, ineffective design, inadequate project change management, poor communication among owners, designers and constructors, or constructability ignored in the design process are the major reasons of Rework. • Implementing such as pre project planning, project change management, design effectiveness, alignment, and constructability, would be an effective approach to reducing the root causes of rework.

Sr. No.	Contents	Details
i.	**Title**	Factors Affecting Rework in Construction Project
ii.	**Author(s)**	S.Muralidharan, S.Thiyagarajan
iii.	**Publication Details**	International Journal of Engineering Sciences & Research Technology, ISSN: 2277-9655, Jan-2016
iv.	**Description**	<ul><li>In this study, main aim was to identify the main possibilities of occurrence of Rework.</li><li>For that, literature study was done to identify the crucial factors of Rework.</li><li>Total 14 factors were finalized and study were done using random sample size of seven.</li><li>Data analysis was done Using Ms Excell</li><li>The top 5 factors are<ol><li>Client influence,</li><li>Lack of labor work knowledge,</li><li>Speedy construction,</li><li>Lack of communication and</li><li>Construction error..</li></ol></li></ul>

Sr. No.	Contents	Details
i.	**Title**	Analysis of Rework in Residential Building Projects in Palestine
ii.	**Author(s)**	Ibrahim Mahamid
iii.	**Publication Details**	Jordan Journal of Civil Engineering, Volume 10, No. 2, 2016
iv.	**Description**	<ul><li>This study has been conducted to study cost and causes of rework in residential building projects in the West Bank in Palestine.</li><li>Total 43 Rework causes were used for analysis and 86 respondents were selected of different category.</li><li>Data analysis was done using Severity Index.</li><li>62% of the contractors indicated that the average of rework cost in residential building construction projects during the last five years ranged between 10% and 15% of the original contract cost.</li><li>The most severe causes of rework in residential buildings as per all the groups are<ol><li>Poor communication of the client with the consultant.</li><li>Poor communication of the client with the contractor.</li><li>Use of poor quality materials,</li><li>Poor site management and</li><li>Poor communication of the client with the design consultant.</li></ol></li></ul>

Sr. No.	Contents	Details
i.	**Title**	RII & IMPI: Effective Techniques for Finding Delay in Construction Project
ii.	**Author(s)**	Mamata Rajgor, Chauhan Paresh, Patel Dhruv ,Panchal chirag ,Bhavsar Dhrmesh
iii.	**Publication Details**	International Research Journal of Engineering and Technology (IRJET) e-ISSN: 2395 -0056 Volume: 03 Issue: 01 | Jan-2016

iv.	**Description**	• In this study factors affecting delays have been studied and check for their importance.
		 • Total 100 Questionnaire were distributed out of which 60 returned which were analyzed by RII and IMPI method.
		 • Top 5 Factors as per RII:
		   1. Shortage of labors
		   2. Delay in material delivery
		   3. Poor site management and supervision by contractor
		   4. Improper construction methods implemented by contractor.
		   5. Rework due to errors during construction
		 • Top 5 Factors as per IMPI:
		   1. Change orders by owner during construction
		   2. Original contract duration is too short
		   3. Poor communication and coordination by owner and other parties
		   4. Slowness in decision making process by owner
		   5. Poor site management and supervision by contractor.

CAPÍTULO 3

RETRABALHO

3.1 DEFINIÇÃO DE RETRABALHO

De um modo geral, os retrabalhos e os desperdícios são conhecidos como sintomas que não acrescentam valor e que afectam a produtividade e o desempenho dos projectos de construção (Alwi et al., 2002). A literatura sobre gestão da construção oferece várias interpretações de retrabalho, que diferem em termos de descrição verbal, âmbito e medição.

Existem várias interpretações e definições sobre retrabalho. Os termos incluem: "desvios de qualidade" (Burati et al., 1992), "não-conformidade" (Abdul-Rahman, 1995), "Defeitos" (Hammarlund e Josephson, 1999) e "falhas de qualidade" (Barber et al., 2000). O retrabalho pode ser descrito como um esforço desnecessário de refazer uma atividade ou operação que foi executada de forma incorrecta desde o início (Love e lie, 2000).

A partir do significado de conformidade, podem ser fornecidas duas grandes definições de retrabalho. De acordo com a definição da agência de desenvolvimento da indústria da construção (CIDA, 1995), retrabalho é fazer algo pelo menos uma vez mais devido à não conformidade com os requisitos. A segunda definição descreve o retrabalho como o procedimento que faz com que um item se ajuste aos requisitos através de correção ou conclusão (Ashford, 1992).

O Instituto da Indústria da Construção (CII, 2001a) define o retrabalho no terreno como actividades que têm de ser realizadas mais do que uma vez ou actividades que removem trabalho previamente instalado como parte de um projeto. Fayek et al., (2003) seguiram e modificaram a definição de retrabalho no terreno do CII (2001a) e definiram o retrabalho no terreno como "Actividades no terreno que têm de ser realizadas mais do que uma vez no terreno, ou actividades que removem trabalho previamente instalado como parte do projeto, independentemente da fonte, em que não foi emitida qualquer ordem de alteração e em que não foi identificada qualquer alteração de âmbito pelo proprietário".

Josephson et al., (2002) definiram o retrabalho como "o esforço desnecessário de correção de erros de construção". Esta definição foi modificada por Love (2002a) para ser: "O esforço desnecessário de refazer um processo ou atividade que foi incorretamente implementado da primeira vez". Love e Edward (2004a) redefiniram a definição anterior como: "o esforço não necessário de refazer um processo ou atividade que foi incorretamente executado da primeira vez". (2009) sobre o retrabalho, em que o trabalho tem de ser refeito porque não estava a cumprir os requisitos.

Outra definição que enfatiza a essência do retrabalho é "trabalho que é feito para estar em conformidade com os requisitos originais por conclusão ou correção pelo menos uma vez extra devido à não conformidade com os requisitos" (McDonald, 2013).

Esta definição foi selecionada para ser adoptada pelo presente estudo. No entanto, a definição de retrabalho varia de investigador para investigador, consoante o âmbito dos seus estudos. As várias definições de retrabalho são apresentadas na Tabela 3.1.

Quadro 3.1: Resumo das definições de retrabalho

Author(s)	Rework Concepts
Burati et al., (1992)	Quality deviations
Ashford, (1992)	Process by which an item is made to conform to the original requirement by completion or correction
Abdul-Rahman, (1995)	Non-conformance
CIDA, (1995)	doing something at least one extra time due to non-conformance to requirements
Hammarlund and Josephson, (1999)	Defects
Barber et al., (2000)	Quality failures
Love and lie (2000)	Unneeded effort of redoing an activity or operation that was enforced in a wrong way from the beginning
CII, (2001a)	Activities that should be done many times and activities which result in undoing the work that is already performed
Alwi et al., (2002)	Reworks and wastages are known as non-value adding symptoms that affect the productivity and performance in construction projects
Love P. E., (2002a)	Unnecessary effort of redoing a process that was incorrectly implemented the first time

Josephson et al., (2002)	The unnecessary effort of correcting construction errors
Fayek et al., (2003)	Activities in the field that have to be done more than once in the field, or activities which remove work previously installed as part of the project regardless of source, where no change order has been issued and no change of scope has been identified by the owner
Love and Edwards, (2004a)	The non-required effort of re-doing a process or activity that was faulty executed at the first time
Hwang et al., (2009)	Work must be redone because it was not following requirements
Zhang, (2009)	Rework is doing something at least one extra time due to non-conformance to requirements
McDonald, (2013)	Work that is made to conform to the original requirements by completion or correction at least one extra time due to non-conformance with requirements

Vários estudos sobre o retrabalho no sector da construção foram já realizados por diversos investigadores. Todos eles definiram retrabalho ou aplicaram a definição de outra pessoa no início da sua investigação. São utilizadas diferentes definições de retrabalho e, por conseguinte, são aplicadas diferentes metodologias e retiradas diferentes conclusões. O facto é que todas as definições vão no sentido de que o retrabalho é um desperdício e que as administrações sensatas devem minimizá-lo tanto quanto possível.

Uma vez que este estudo visa identificar as causas e o impacto do retrabalho em projectos de construção, a definição seguinte é uma definição comum que deriva das definições anteriores no Quadro 3.1.

O retrabalho pode ser definido como *"O esforço desnecessário (pessoas, material, tempo e equipamento) de refazer um processo ou atividade que foi incorretamente implementado da primeira vez ou*
que
não era realmente necessário para completar o trabalho".

3.2 IMPACTO DO RETRABALHO

A presença de retrabalho em projectos de construção tem claramente um efeito adverso no desempenho global do projeto. Tal como foi discutido nos subtítulos abaixo, o impacto do retrabalho é transversal ao tempo, à qualidade e ao custo do trabalho de construção, o que resulta numa redução do lucro do projeto, na diminuição da reputação da organização, em conflitos e na perda de contratos futuros. Tendo em conta todos estes factores, pode concluir-se que o retrabalho tem um grande impacto no custo global de um projeto em curso ou de projectos futuros previstos. As diferenças observadas na definição de retrabalho pelos investigadores, com base na recolha de dados e nos métodos utilizados, significam que a extensão dos custos de retrabalho pode ser muito maior do que o esperado.

3.3 CUSTO DA REFORMULAÇÃO

O Building Research Establishment do Reino Unido (BRE, 1982) afirmou que poderiam ser obtidas poupanças de 15% nos custos totais de construção através da eliminação do retrabalho e da aplicação de mais tempo e dinheiro na prevenção. Do mesmo modo, Low e Yeo (1998) defendem que é possível obter reduções substanciais nos custos de avaliação eliminando as causas profundas do retrabalho. Love (2002d) sublinhou que existe uma falta de uniformidade na forma como os dados sobre os custos do retrabalho têm sido recolhidos devido às várias interpretações sobre o que constitui o retrabalho. É possível que a medição dos custos de retrabalho, por si só, não resulte em melhorias; apenas fornece o ponto de partida para o estabelecimento de novos conhecimentos (Love e Holt, 2000).

De facto, é essencial identificar os custos e as causas do retrabalho na construção, de modo a alterar o desempenho dos projetos (Love e Li, 1999b). A medição do nível de retrabalho pode ser utilizada pela direção para avaliar a forma como a qualidade tem sido gerida e para descobrir problemas no processo de construção. Love (2002d) sugeriu que as organizações de projeto e construção devem implementar um sistema de gestão da qualidade, apoiado por um sistema de custos da qualidade, de modo a reduzir os custos do retrabalho. Só quando as organizações começarem a medir cuidadosamente os seus custos de retrabalho é que poderão apreciar plenamente os benefícios económicos de alcançar uma qualidade elevada.

Love e Li (2000) concordaram que os custos de prevenção e de avaliação são custos inevitáveis que devem ser incorridos pelas empresas de construção e pelas empresas de consultoria se os seus produtos e serviços tiverem de ser entregues corretamente à primeira. Davis et al. (1989), Low e Yeo (1998) e Abdul-Rahman (1993) sublinharam a importância de medir os custos do retrabalho como parte do custo da qualidade.

Existem muitos métodos para calcular os custos da qualidade. A título de exemplo, os custos podem ser classificados como custos de conformidade e custos de não conformidade. Os custos de conformidade incluem doutrinação, formação, verificação, validação, testes, manutenção, inspeção e auditorias. Por outro lado, os custos de não-conformidade incluem itens como desperdício de material, reparações em garantia e retrabalho (Love e Li, 2000). O outro método de medição dos custos da qualidade é sugerido por Feigenbaum (1991). Os custos de prevenção incluem os montantes totais investidos ou gastos para evitar ou, pelo menos, reduzir significativamente os defeitos ou erros e com o objetivo de eliminar as suas causas ou recursos antes de ocorrerem. Por outro lado, os custos de avaliação incluem os montantes gastos na deteção de defeitos ou erros, comparando diferentes itens com o nível exigido e as especificações padrão. Itens como: desenhos estruturais e arquitectónicos, materiais (como tijolos, ferragens para portas, armaduras, etc.), trabalhos em curso e produtos acabados, e existem dois tipos de custos de falhas.

Os custos internos de falha são os custos de deteção ou de correção de erros enquanto o produto ainda está sob controlo. Por outro lado, os custos externos da falha são os incorridos devido a defeitos ou erros identificados depois de o produto ter sido lançado ou operado e já não estar sob controlo (Meshksarr, 2012).

O retrabalho pode levar a várias derrapagens no custo do projeto, pelo que estas derrapagens indicam que, algures no processo de construção, pode ter ocorrido retrabalho. Mastenbroek (2010) identificou três consequências diretas dos indicadores de retrabalho; o primeiro indicador é que refazer as coisas leva tempo e pode, portanto, levar a atrasos. O retrabalho pode definitivamente influenciar o planeamento do projeto. O excesso de tempo pode ser uma consequência do retrabalho.

Um segundo indicador é o excesso de mão de obra. Se o trabalho foi feito incorretamente, isso pode ser visto como tempo não produtivo e o retrabalho exige esforço e, portanto, mão de obra adicional. Se foram necessárias mais horas (e, por conseguinte, mais custos de mão de obra) para realizar um projeto do que o previsto, tal pode ter sido devido a acções de retrabalho.

O terceiro indicador é o retrabalho, que muitas vezes significa que partes de uma estrutura têm de ser desmanteladas e que é necessário novo material para a reconstruir. O material extra utilizado também pode indicar retrabalho. Os indicadores mencionados por Mastenbroek (2010) têm uma coisa em comum. Os atrasos, a mão de obra e os materiais adicionais custam dinheiro, pelo que o excesso de custos pode ser o impacto mais importante do retrabalho.

3.4 IMPACTO DO RETRABALHO NO CUSTO DA QUALIDADE

Um consenso geral alcançado com base nos vários estudos mostra que a redução do retrabalho num projeto de construção reduz o impacto no custo total da construção. No entanto, o custo do retrabalho foi traduzido como custo da qualidade e, assim, um tipo de medição concebido para ajudar a gestão com informações suficientes sobre as falhas do processo e a obtenção de actividades concebidas para evitar ou reduzir o retrabalho no projeto de construção baseia-se na abordagem do custo da qualidade.

Love et al. (1998) definem os custos de retrabalho como o custo total resultante de problemas em produtos ou serviços antes e depois da sua entrega. Assim, foi expresso que uma das formas de medir os custos de retrabalho é considerar itens que incluem retrabalho, desperdício de material e reparações em garantia. Esta abordagem foi proposta por Feigenbaum (1991), que classifica os custos em custos de falha, preventivos e de avaliação. Estas são uma das formas de examinar os custos da qualidade. Estes custos podem ser classificados em custos de conformidade e custos de não conformidade. Foi expresso que os custos de conformidade incluem os custos de formação, doutrinação, verificação, validação, testes, inspeção, manutenção e auditorias. Em alternativa, o custo da não conformidade está relacionado com o custo dos resíduos de materiais de retrabalho e com o custo da reparação em garantia adquirido pela empresa. Todos estes custos foram reunidos por Feigenbaum (1991), que classifica estes custos de falha, prevenção e avaliação como custos de controlo e custos de controlo de falhas, representados na Figura 3.1.

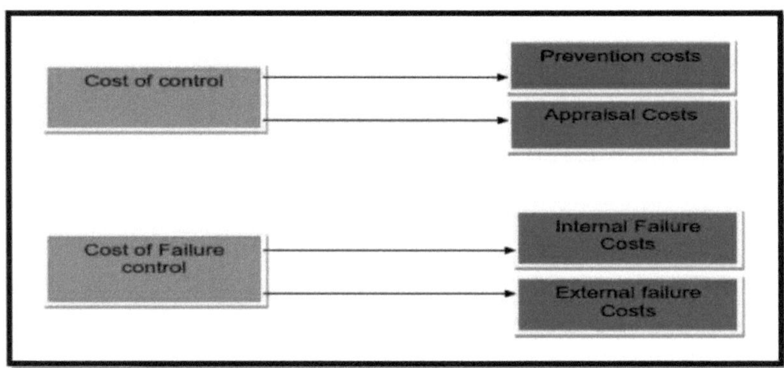

Figura 3.1: Custo da qualidade: custo do controlo e do insucesso

Fonte: (Feigenbaum, 1991)

3.4.1 Custos de falha

Os custos de falha podem ser internos e externos. Foi explicado que os custos de falha internos são os custos que se destinam a resolver o erro ou o defeito no âmbito de medidas identificáveis estabelecidas pela organização. Por outro lado, os custos externos dizem respeito aos custos que não estão em conformidade com o acordo com o cliente.

3.4.2 Custos de avaliação

Foi identificado como o custo gasto na deteção de erros ou defeitos nos trabalhos de construção, medindo o nível de conformidade com as especificações de conceção do cliente. Isto inclui a garantia de desenhos estruturais e de engenharia corretos, trabalhos em curso, avaliação dos materiais recebidos e garantia de que o trabalho acabado é aceitável.

3.4.3 Custos de prevenção

O custo de prevenção é o custo investido para evitar a ocorrência de erros ou defeitos ou o custo despendido para garantir a redução absoluta da ocorrência de erros ou defeitos no trabalho de construção.

Um estudo anterior de Campanella e Corcoran (1983) explica que o aumento do financiamento despendido na prevenção e nos custos de avaliação conduzirá a uma redução dos custos de insucesso ao longo do tempo da sua implementação. Por outro lado, os custos das falhas são quase evitáveis. A eliminação das causas de retrabalho reduzirá drasticamente o custo de avaliação (Low e Yeo, 1998). É nesta base que alguns investigadores dão mais importância ao custo associado ao retrabalho. Woodward (1997) sublinha que o retrabalho representa, em média, 10% ou mais do custo total do projeto.

3.5 FONTES DE RETRABALHO

O retrabalho pode resultar de várias fontes, como erros, omissões e alterações.

3.5.1 Erros

Love, Skitmore e Earl (1998b) indicaram que o retrabalho é exacerbado por erros cometidos durante o processo de conceção, erros esses que aparecem depois a jusante no processo de aquisição. Love, Edwards, Irani e Walker (2009) argumentaram que, quanto mais tempo um erro passa sem ser detectado, maior é a probabilidade de ocorrer retrabalho, o que tem um impacto significativo nos custos e no calendário. O estudo do Construction Industry Institute (CII) (1989) sobre nove grandes projectos de construção industrial concluiu que o retrabalho devido a erros de conceção contribuía, em média, com 79% do custo total do retrabalho.

De acordo com Busby e Hughes (2004) e Cooper (1993), os erros não são muitas vezes facilmente identificáveis e, frequentemente, só se tornam evidentes após um período de incubação no sistema. O grau de retrabalho necessário depende, portanto, do tempo em que o erro passou despercebido. Por exemplo, um erro dimensional ou um conflito espacial contido na documentação do projeto pode não surgir até que o projeto esteja a ser fisicamente construído no local (Cooper, 1993; Rodrigues e Bowers, 1996; Rodrigues e Williams, 1998). De acordo com Love, Edwards e Iran (2005), os erros ocorrem em resultado de uma gama complexa de interações, pelo que tentar isolar uma única variável contributiva é uma estratégia pouco recomendável. Uma vez adquirida uma compreensão da natureza típica e da dinâmica subjacente aos erros, só então é possível implementar estratégias de redução e contenção de erros nos projectos (Love Edwards e Irani, 2008).

3.5.2 Omissões

De acordo com Reason (2002), os erros de omissão surgem quando o processo mental de controlo da ação é sujeito a tensão ou distração. Reason (2000) opinou que os erros de omissão são o resultado de agentes patogénicos dentro de um sistema que se traduzem em condições que provocam erros na empresa e no projeto. Exemplos disso são a pressão do tempo, a falta de pessoal, a fadiga e a inexperiência. Lamentou ainda que as influências patogénicas contribuem para relações e procedimentos impraticáveis, bem como para deficiências de conceção e construção que, consequentemente, contribuem para o retrabalho.

A não realização de tarefas processuais durante o processo de conceção e a reutilização contínua da conceção são leitmotivs que surgem como práticas que contribuem para os erros de omissão. As práticas de trabalho implementadas pelas organizações podem agravar erros semelhantes, independentemente das competências e experiências das pessoas envolvidas num projeto. Um exemplo típico é o estudo realizado por Love, Edwards, Irani e Walker (2009) para investigar a anatomia dos erros de omissão em projectos de construção e engenharia de recursos. O estudo revelou que a questão dos honorários do projeto foi identificada pelos inquiridos no sector da construção como um fator que contribui para uma omissão e para o retrabalho relacionado com o projeto. Os empreiteiros e subempreiteiros também são susceptíveis a erros de omissão, uma vez que as restrições do sistema de gestão da qualidade, da segurança e do ambiente podem nem sempre ser rigorosamente respeitadas e, consequentemente, as tarefas ou os processos podem ter de ser reformulados.

3.5.3 Alterações

Burati, Farrington e Ledbetter (1992) afirmam que uma mudança é essencialmente uma ação dirigida que altera os requisitos actuais estabelecidos. As alterações podem ter um efeito sobre os aspectos estéticos e funcionais do edifício, o âmbito e a natureza do trabalho ou os seus aspectos operacionais. Segundo o CII (1990), o retrabalho, especificamente sob a forma de alterações, pode ter um impacto negativo na produtividade e no desempenho do projeto. Burati *et al.* (1992), por outro lado, afirmam que um cliente com alteração de projeto, por exemplo, indicaria que um cliente iniciaria uma alteração ao projeto do edifício e, por conseguinte, exigiria retrabalho devido a uma nova conceção. O retrabalho relacionado com a conceção, sob a forma de ordens de alteração, é a principal fonte de retrabalho nos projectos de construção.

3.6 CAUSAS DE RETRABALHO POR FASE DO PROJECTO

O retrabalho pode ocorrer em praticamente qualquer fase do processo de construção ou em qualquer departamento de uma empresa. Burati et al., (1992) estudaram o retrabalho em cinco áreas principais: *projeto, construção, transporte, fabrico e operacionalidade.* Mas o retrabalho também pode Mas o retrabalho também pode ocorrer no departamento de gestão, administração ou contabilidade. A maior parte da investigação sobre o retrabalho estudou apenas as fases de conceção e construção. Mastenbroek, (2010), Zack e Hughes (2012) e outros investigadores que conceberam sistemas de controlo ou programas informáticos destinados a acompanhar o retrabalho em projectos de construção utilizaram categorias de desvio de retrabalho.

Tabela 3.2: Categorias de Desvio das Causas de Retrabalho Fonte.

Deviation Category	Description
Construction Change	Change in the method of construction: usually to enhance the constructability
Construction Error	Results of erroneous construction methods
Construction Omissions	Omission of some construction activity or task
Design Error	Error made during design
Design omission	Omission made during design
Design change/Construction	Changes in design made at the request of the field or constructional personnel
Design Change/ Field	Changes due to Field conditions, a deviation could not have been foreseen by the designer
Design change/ Owner	Design change initiated by owner (Scope definition)
Design Change/ process	Design change in the process, initiated by owner/designer
Design Change/ fabrication	Design change initiated or requested by fabricator or Supplier
Design change/ improvement	Design revision, modification, and improvements
Design Change/ Unknown	Redesign due to an error
Operability Change	Change made to improve operability
Fabrication Change	Change made during fabrication
Fabrication Error	Error made during fabrication
Fabrication Omission	Omission made during fabrication
Transportation Change	Change made to method of transportation
Transportation Error	Error made in method of transportation
Transportation Omission	Omission made in transportation

Source: (Burati re al., 1992).

CAPÍTULO 4

QUADRO DE CRITÉRIOS

4.1 INTRODUÇÃO

Das várias literaturas, 48 causas de retrabalho foram finalizadas em 7 grupos principais, que foram verificados quanto ao seu impacto na construção utilizando o método do Índice de Importância (IMPI) e as causas mais cruciais foram utilizadas para gerar o Índice de Retrabalho no Terreno (FRI).

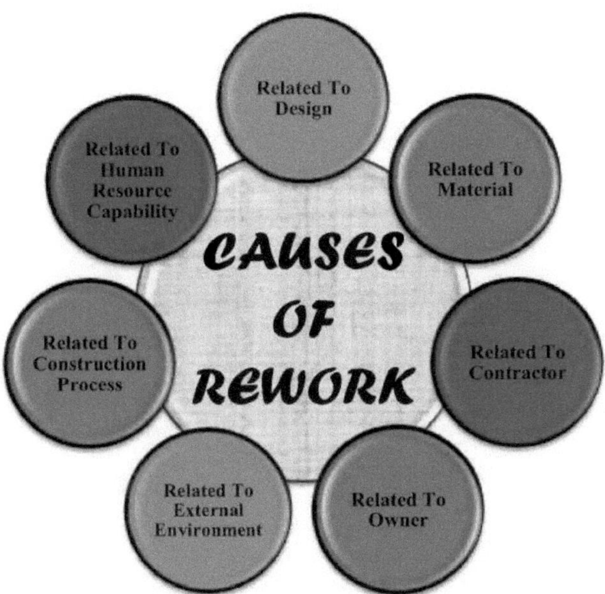

Figura 4.1 Causas de retrabalho

A fase de conceção é muito importante para qualquer processo de construção, se for cometido algum erro ou engano na fase de conceção, isso conduz indiretamente às hipóteses de retrabalho. Na Tabela 4.1 são apresentados alguns factores com a respectiva descrição relacionados com o retrabalho.

Table 4.1 :Factors Related to Design	
FACTOR	**DESCRIPTION**
Scope & Design Changes	At any point if Scope & design changes are needed because of design error.
Poor Project Document	Insufficient data about project given to the contractor during the middle of construction.
Incomplete Information	If incomplete information given to the consultant about project data.
Improper Planning	Proper planning is not done for any project then that cause the late completion of work or need rework.
Software Error/Mistake	During preparation of the plan using software, any mistake was found during implementation.
Qualification of Designer	If the Designer has no such experience of Designing or he is very new for the project work.

O material é um parâmetro crucial de qualquer processo de construção, se forem detectados alguns problemas no fornecimento ou nas propriedades do material, isso conduz à possibilidade de retrabalho. No quadro 4.2 são apresentados alguns dos factores relacionados com o material e a respectiva descrição, que são responsáveis pelo retrabalho nos projectos de construção.

Table 4.2: Factors Related to Material	
FACTOR	**DESCRIPTION**
Untimely Deliveries	During the project if some material required immediate but no sufficient time for delivery.
Non-Compliance with Specifications	Sometime materials not deliver as per the specification that time change of material required.
Materials not in Right Place when Required	Sometime non-availability of materials lead to use other materials which no suits and afterwards need rework.
Adulterated Materials	Some time to make more economical there is practice to mix some cheaper materials with original materials, which will lead to rework on later stage.
Change in Material	At some point if owner wants to change the materials it needs to be done with rework.
Class of Material	Some material has many class ex. Aggregate so if supplier delivered some time lower class of material lead to rework.

O empreiteiro é um elemento muito importante dos projectos de construção, uma vez que está diretamente relacionado com a execução do trabalho, pelo que, se o empreiteiro cometer algum erro, isso conduz diretamente ao retrabalho e aumenta o tempo e o custo do projeto. Os factores relacionados com os empreiteiros no ponto de vista do retrabalho são apresentados no Quadro 4.3

<table>
<tr><td colspan="2" align="center">Table 4.3: Factors Related to Contractor</td></tr>
<tr><td align="center">FACTOR</td><td align="center">DESCRIPTION</td></tr>
<tr><td>Misreading of Drawings & Specifications</td><td>Sometime contractor is not able to understand the details of drawings and do some mistakes which later on forces to do Rework</td></tr>
<tr><td>Low Contract Value</td><td>Due to low contract value, material quality is sacrifices, which is one of the reason for Rework on later stage.</td></tr>
<tr><td>Attempts to Fraud</td><td>Some times to earn more from Contract there are chances of Fraud like no using Specified Quality and quantity of materials which indirectly invites rework possibilities</td></tr>
<tr><td>Technically Unqualified</td><td>If to solve the issue on priority Technical Decisions are not taken and temporary solutions are provided it will cause rework.</td></tr>
<tr><td>Financial Weakness</td><td>Some contractor is not able to provide full finance towards the project so in middle of construction he left the project and some needs to do that work again.</td></tr>
</table>

O proprietário tem todo o poder do projeto de construção, pelo que é um dos principais interessados em qualquer projeto de construção, pelo que o seu ponto de vista e as suas acções são diretamente proporcionais ao retrabalho, pelo que na Tabela 4.4 são apresentados os factores associados ao retrabalho no ponto de vista do proprietário.

<table>
<tr><td colspan="2" align="center">Table 4.4: Factors Related to Owner</td></tr>
<tr><td align="center">FACTOR</td><td align="center">DESCRIPTION</td></tr>
<tr><td>Lack of Knowledge of Construction Process</td><td>What is going on is not understood by owner.</td></tr>
<tr><td>Inadequate Briefing</td><td>Less communication between owner, contractor, and others.</td></tr>
<tr><td>Lack of funding</td><td>If owner is not having sufficient capital with him</td></tr>
<tr><td>Change in Officials</td><td>If owner changes any stakeholders during the Construction project his view can cause rework.</td></tr>
<tr><td>Need Early Completion of Work</td><td>Owner forces to complete the work before time it will compromise quality and indirectly invites Rework.</td></tr>
</table>

Change of plan	Because of some reason, if the plan needs change in between construction.
Improper supervision	If owner is not interested in project and not supervise project regularly it will cause rework.

Existem certos factores que não estão sob o controlo do proprietário ou de qualquer parte interessada do projeto de construção, mas que, se surgirem, causarão hipóteses de retrabalho e prejudicarão a eficácia do projeto de construção, que são conhecidos como factores do ambiente externo e que são apresentados no Quadro 4.5

Table 4.5: Factors Related to External Environment	
FACTOR	**DESCRIPTION**
Political Situation (Siege- Conflicts)	If some policies are changed by government during the Construction Project we must follow that and for that chances or rework will be there.
Economy (Inflation, Exchange Rates, Market)	Changes in rate or Market Crash or change in market demand will cause the rework chances
Natural Climates (Weather, disaster)	If some unforeseen natural calamities happen which is not in our control so to overcome that Rework is must.
Social (Changing Social Environment, Resistances)	It is relating to society or its organization.
Technological (Techniques, Facilities, Machines)	If some Technique of Machineries no used properly or with its Specified instruction it will cause Rework.

O processo de construção é a espinha dorsal dos projectos de construção, se não for seguido um processo adequado e conveniente, será responsável pela perda de qualidade e, para melhorar essa qualidade, é necessário voltar a trabalhar. Alguns factores associados ao processo de construção são apresentados na Tabela 4.6

Table 4.6 Factors Related to Construction Process	
FACTOR	**DESCRIPTION**
Failure to Implement Quality Management Practices	If required Quality is not achieved by using one Construction Process, we need to use other Method to achieve the required Quality.
Rigidity to Improvement	Sometime due to rigidity of Improvement will lead to Rework.
Absence of Clear Uniform Standard to Accept Work	Some work has not been done by some uniform standard that is actually accepted by people.
Unclear Work Specification	The work is not completed as per specification or as per special standard.
Inadequate Pre-Project Planning	The planning is not accurate and some error occurs during work.
Constructability Problems	The construction ability is not checked before starting the work.
Lack of Audit and Control	The inspection was not periodically done, so some error is occurring during entire work.
Schedule Pressures	The project schedule was very tight and limited time was given so that time some error will occur and lead to Rework.
Late Designer Input	If proper and Clear inputs from Designer not received on required time.
Not Appointment of Project Manager	If no Project Manager or Site Engineer appointed on site for Supervision Contractor will do some error and it will lead to rework.
Lake of Scheduling	If not proper scheduling technique used before starting of construction project.
Selection of Wrong Method	In some project, some method or some Procedure is very hard to use and if that are selected it will cause chances of Rework.

Os trabalhadores são os verdadeiros executores do projeto de construção. Se não forem suficientemente bons para realizar o trabalho com precisão, isso conduzirá definitivamente ao retrabalho. No Quadro 4.7 são apresentados alguns factores associados aos recursos humanos.

Table 4.7 Factors Related to Human Resource Capability	
FACTOR	**DESCRIPTION**
Excessive Overtime	The working time for worker is very long compared to his comfort zone.
The Absence of Job Security	In some project, there is no safety for worker or any other labour.
Lack of Employee Motivation	In some project, there is no inspiration to worker or employees.
Insufficient Training and Skill Development	The person is not skilled or they are not enough with knowledge about some work.
Unclear line of Authority and Responsibility	Some people have limited authority about some work and take some decision in emergency.
Conflict of Interest	In some case some problem was arise that is directly affect to the work
Lack of Safety and Welfare Commitment	In some project or long project, there is no safety for worker and it is risky to do work.

CAPÍTULO 5

ABORDAGEM

5.1 MÉTODO ANALÍTICO

A análise dos resultados dos questionários e das entrevistas constitui o cerne de uma investigação. São utilizadas diferentes abordagens de análise para diferentes tipos de resultados e também para apresentar os resultados em diferentes perspectivas. O objetivo da análise dos dados é fornecer informações sobre as variáveis e as relações entre elas, de modo a ajudar a compreender e apoiar a tomada de decisões sobre uma questão. A análise de dados tem por objetivo condensar uma massa de dados em estatísticas resumidas que caracterizem sucintamente as observações e as variáveis, e examinar a relação entre duas ou mais variáveis.

5.1.1 ÍNDICE DE IMPORTÂNCIA (IMPI)

Índice de importância: Neste método, para cada causa/fator devem ser colocadas duas questões: Qual é a frequência de ocorrência desta causa? E qual é o grau de gravidade desta causa no atraso do projeto?

Tanto a frequência de ocorrência como a gravidade foram classificadas numa escala de quatro pontos. A frequência de ocorrência é classificada da seguinte forma: sempre, frequentemente, às vezes e raramente (numa escala de 4 a 1 pontos). Da mesma forma, o grau de gravidade foi classificado da seguinte forma: extremo, grande, moderado e pequeno (numa escala de 4 a 1 pontos).

Índice de frequência: É utilizada uma fórmula para classificar as causas de atraso com base na frequência de ocorrência identificada pelos participantes.

$$\text{Frequency Index (F.I.) (\%)} = \sum a\,(n/N) * 100/4 \quad\quad\quad (5.1)$$

Onde, a é a ponderação expressa constante dada a cada resposta (varia de 1 para raramente até 4 para sempre), n é a frequência das respostas, e N é o número total de respostas.

Índice de gravidade: É utilizada uma fórmula para classificar as causas dos atrasos com base na gravidade indicada pelos participantes.

$$\text{Severity Index (S.I.) (\%)} = \sum a\,(n/N) * 100/4 \quad\quad\quad (5.2)$$

Onde a é a constante que expressa a ponderação dada a cada resposta (varia de I para baixo até 4 para muito alto), n é a frequência das respostas e N é o número total de respostas.

Índice de importância: O índice de importância de cada causa é calculado em função dos índices de frequência e de gravidade, da seguinte forma:

Importance Index (IMP.I.)(%) = [F.I. (%)* S.I. (%)]/100 .... **(5.3)**

5.1.2 O ÍNDICE DE RETRABALHO NO TERRENO (FRI)

O índice de retrabalho no terreno (FRI) é uma ferramenta desenvolvida pela equipa de investigação 153 do CII para fornecer um alerta precoce para o retrabalho no terreno e o aumento dos custos (CII, 2001). O FRI destina-se a ser utilizado antes do início da construção. Foi elaborada uma lista de 14 variáveis, propostas para representar as caraterísticas do projeto, que foi testada com os dados retirados de projectos de construção concluídos. As variáveis do FRI, por ordem decrescente de relação com a classificação do retrabalho no terreno, são as seguintes

O Índice de Retrabalho no Terreno (FRI) não prevê com exatidão o retrabalho no terreno, mas fornece um bónus de alerta precoce para o crescimento dos custos. Para aplicar esta ferramenta, o utilizador do FRI classifica estas 14 variáveis numa escala de 1-5 e totaliza as pontuações para obter a pontuação do FRI para o projeto atual. Comparando a pontuação FRI com os níveis de alerta resultantes da análise dos projectos completos, o alerta precoce para o retrabalho no terreno e o crescimento dos custos é apresentado na Figura 5.1.

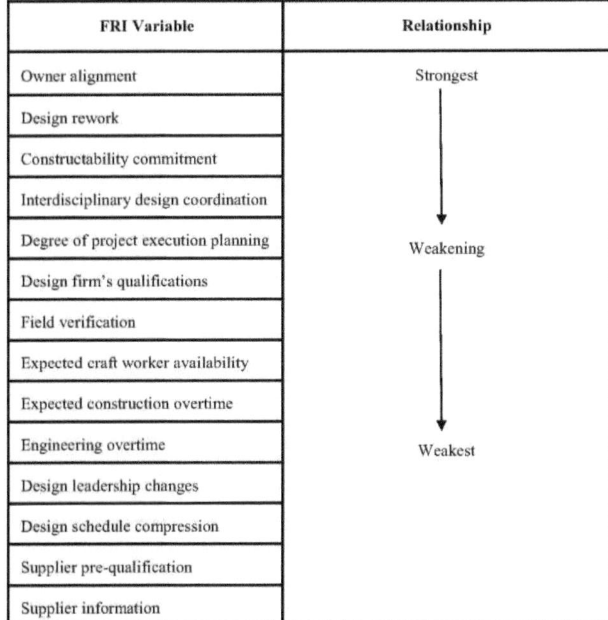

Fonte: Rogge et al. (2001)

Foi efectuada uma análise para determinar a relação entre estas variáveis e o retrabalho no terreno. O FRI resultou da análise estatística dos dados recolhidos em vários projectos reais. RT-153 Os objectivos são: (1) Identificar os métodos que estão a ser utilizados para controlar o retrabalho. (2) Identificar as principais causas de retrabalho. (3) Identificar as práticas que mais eficazmente minimizam o retrabalho no terreno. (4) Desenvolver uma ferramenta (Field Rework Index, FRI) que irá prever o grau de retrabalho de campo.

Fonte: (CII, 2001)

O Índice de Retrabalho de Campo (FRI) e o gráfico de retrabalho do questionário do CII encontram-se na Tabela 1.0 e na Fig. Todas as respostas com uma classificação de 1 recebem 1 ponto; todas as classificações com uma classificação de 2 recebem 2 pontos, e assim por diante até um máximo de 5 pontos. A pontuação de cada pergunta é então somada para obter uma pontuação total; as que têm uma pontuação entre 14 e 70 são agrupadas de acordo com a tabela de categorização da pontuação FRI. Os que têm uma pontuação superior a 45 são classificados como estando numa fase de alerta de retrabalho.

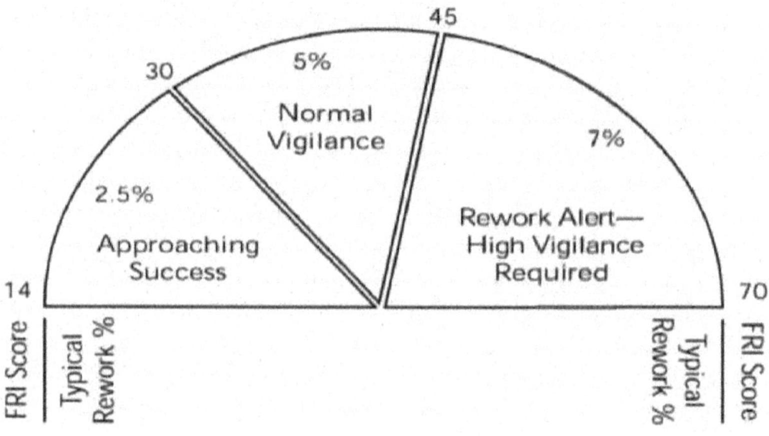

Figura 5.1 Gráfico de pontuação FRI

Fonte: (CII 2001)

5.2 CONTROLO DA EXACTIDÃO DOS DADOS (MÉTODO DE CORRELAÇÃO DE POSTOS DE SPEARMAN)

Nesta secção, calcula-se a diferença de perceção entre as diferentes partes através da utilização do fator de correlação de classificação. É sempre essencial verificar a exatidão dos dados recolhidos através de métodos estatísticos. Nesta investigação, a classificação dos critérios pelos vários grupos foi verificada de acordo com o coeficiente de correlação de Spearman. Para testar a concordância relativa entre as respostas dos diferentes grupos, as classificações do IMPI calculado correspondente aos factores relacionados com o retrabalho nos projectos de construção foram analisadas utilizando o método de correlação de Spearman. O coeficiente de correlação de postos é uma medida de correlação existente entre dois conjuntos de postos. É uma medida de associação que se baseia nas classificações das observações e não no valor numérico dos dados. O valor do coeficiente de correlação de Spearman varia entre "+1" e "-1". "+1" indica uma correlação positiva perfeita e "-1" indica uma correlação negativa perfeita entre duas variáveis (Kendall e Gibson [45], 1990; Kothari [46], 2004). Foi calculada através da seguinte equação:

$$r = 1 - (6 \Sigma\, d^2 / (n^3 - n)) \quad \dots \dots \quad (5.4)$$

Onde, r é o coeficiente de correlação de spearman entre duas partes, d é a diferença entre as classificações atribuídas às variáveis para cada causa, n é o número de parâmetros a classificar.

5.3 DIMENSÃO DA AMOSTRA

A dimensão da amostra para os engenheiros das instalações foi selecionada para o IMPI numa base aleatória de 60, devido a limitações de tempo. De um total de 60, foram recebidas 46 respostas, que foram utilizadas para análise. A lista dos inquiridos consta do Anexo C.

Quadro 5.2: Percentagem de questionários distribuídos e respostas recebidas

Sr. No.	Questionnaire Distributed	Responses Received	% Response Received
1	60	46	76.67%

Tabela 5.3: Respostas dos engenheiros de obra de acordo com a experiência

Sr. No.	Total Reponses	1 to 5 Year experience	5 to 10 Year experience
1	46	21	25

CAPÍTULO 6
ANÁLISE DE DADOS

6.1 INTRODUÇÃO

Este capítulo trata da análise e discussão da informação recolhida através do inquérito por questionário. Inclui a identificação e a classificação dos factores que causam o retrabalho em projectos de construção na cidade de Surat, do ponto de vista dos engenheiros de obra. Foi efectuada a análise dos dados das respostas ao inquérito e os resultados são explicados em pormenor. Os resultados são aprofundados através de um debate para compreender as diferenças de opinião entre os engenheiros de obra.

6.2 ANÁLISE DE DADOS POR ÍNDICE DE IMPORTÂNCIA

O método IMPI foi utilizado para obter o nível de significância e a importância dos factores que causam o retrabalho no estaleiro de construção na cidade de Surat. A classificação dos inquiridos foi convertida em pontuações reais. O questionário deu a cada inquirido a oportunidade de identificar o fator suscetível de causar o retrabalho na cidade de Surat, dando a resposta de acordo com os critérios dos métodos.

Os dados primários recolhidos na primeira parte do questionário foram analisados na perspetiva do engenheiro de obra. No total, 41 inquiridos participaram neste inquérito no terreno. As suas respostas foram consideradas para esta análise. O IMPI de cada fator individual percebido por todos os inquiridos foi calculado para derivar as 14 principais causas de retrabalho, que foram depois utilizadas para gerar o FRI. O FRI gerado funcionará como uma referência para os projectos futuros ou em curso, para descobrir as probabilidades de retrabalho no seu projeto.

6.3 EXEMPLO DE CÁLCULO DO ÍNDICE DE IMPORTÂNCIA

Fator: Leitura incorrecta dos desenhos e especificações
- Índice de frequência (FI)
Contribuição dada por vários engenheiros de obra com uma classificação de 1 a 4

TABELA 6.1 RESPOSTAS DOS ENGENHEIROS DE OBRA PARA O ÍNDICE DE FREQUÊNCIA

2	2	2	2	2	3	3	3
4	3	3	4	3	4	3	3
2	4	4	4	4	3	4	4
4	4	4	4	3	4	3	4
4	4	3	4	4	4	3	3
3	3	4	2	2	4	-	-

Aplicando (FI) a equação 5.1 aos dados acima

= $\sum a\,(n/N) * 100/4$

= (152 / 46) * 100/4

= 82.6087

- Índice de gravidade (FI)

Contribuição dada por vários engenheiros de obra com uma classificação de 1 a 4

TABELA 6.2 RESPOSTAS DOS ENGENHEIROS DE OBRA PARA O ÍNDICE DE GRAVIDADE

4	3	4	3	2	4	4	3
2	4	4	3	4	3	4	4
3	3	3	3	3	2	3	3
3	3	3	3	3	4	3	3
4	3	4	3	4	3	2	4
4	2	2	3	2	3	-	-

Aplicando (SI) a Equação 5.2 aos dados acima

= $\sum a\,(n/N) * 100/4$

= (146 / 46) * 100/4

= 79.3478

- Índice de Importância (Aplicando a Equação 5.3)

= (FI * SI) / 100

= (82.6087 * 79.3478) / 100

= 65.5482

6.4 VERIFICAÇÃO DA EXACTIDÃO DOS DADOS (COEFICIENTE DE CORRELAÇÃO DE POSTOS DE SPEARMAN)

O valor do coeficiente de correlação da classificação de Spearman entre ambos os grupos é de 0,8843, o que mostra que existe uma diferença muito marginal na opinião dos peritos relativamente à classificação dos critérios e que todos apresentam uma correlação fortemente positiva.

Cálculo do coeficiente de Spearman de acordo com a eq. 5.4

$r = 1-(6 \, \Sigma \, d^2 / (n^3 - n))$

$= 1- (12780/110544)$

$= 0.88439$

QUADRO 6.3 14 PRINCIPAIS FACTORES POR MÉTODO IMPI

SR NO.	CAUSES OF REWORK	F.I	S.I	IMPI
1	Misreading of Drawings & Specifications	83.6957	80.4348	67.3204
2	Scope & Design Changes	82.6087	79.3478	65.5482
3	Late Designer Input	83.6957	76.6304	64.1363
4	Failure to Implement Quality Management Practices	83.1522	76.0870	63.2680
5	Change of Plan	85.3261	73.9130	63.0671
6	Change in Officials	78.2609	80.4348	62.9490
7	Non-Compliance with Specifications	79.3478	78.8043	62.5295
8	Incomplete Information	83.6957	74.4565	62.3169
9	Untimely Deliveries	77.1739	80.4348	62.0747
10	Improper Supervision	78.2609	78.2609	61.2476
11	Rigidity to Improvement	81.5217	72.2826	58.9260
12	Lack of Audit And Control	72.2826	81.5217	58.9260
13	Change in Material	75.0000	77.7174	58.2880
14	Lack of Knowledge of Construction Process	75.0000	77.7174	58.2880

Quadro 6.2: FRI desenvolvido (utilizando os resultados do IMPI)

No.	Questionnaire (FROM IMPI METHOD)	Answer (option)	Score	Answer (option)	Selected Score
1.	Are you having a qualified team on your site?	Highly qualified	1 2 3 4 5	Unskilled	
2.	Is there change in scope & design during your project?	Frequently	1 2 3 4 5	Not at all	
3.	Are you getting planning & designing at pre-defined times?	Always	1 2 3 4 5	Hardly Ever	
4.	Are you adopting any quality check at some interval?	Always	1 2 3 4 5	Hardly Ever	
5.	How many times you need to change the original plan with existing plan.	Sometimes	1 2 3 4 5	Rarely	
6.	Are you changing your team of Architect, designer etc. during project?	Sometimes	1 2 3 4 5	Rarely	
7.	Are you using materials as per design & specification?	Always	1 2 3 4 5	Never	
8.	Are you getting all the required details on required times?	Every time	1 2 3 4 5	Never	
9.	How many time you seen that the delivery was not done on time?	Frequently	1 2 3 4 5	Not at all	
10.	Is your supervisor supervising work at regular interval?	Every time	1 2 3 4 5	Never	
11.	While improvement in planning are you considering feasibility?	Always	1 2 3 4 5	Never	
12.	Did you follow up all the control & audit as per requirement?	Very High Level	1 2 3 4 5	None	
13.	Are you changing materials during the execution of work?	Frequently	1 2 3 4 5	Not at all	
14.	Are you aware with advanced construction process?	Completely	1 2 3 4 5	Not at all	

CAPÍTULO 7
ÍNDICE DE RETRABALHO NO TERRENO

Todas as respostas com uma classificação de 1 recebem 1 ponto; todas as classificações com uma classificação de 2 recebem 2 pontos, e assim sucessivamente até um máximo de 5 pontos. Se a pontuação total se situar entre 14 e 30, os projectos encontram-se na fase de sucesso, entre 30 e 45 na fase de vigilância normal e se a pontuação total for superior a 45, os projectos encontram-se na fase de alerta de retrabalho. Os detalhes dos 10 locais de projectos de construção de edifícios e a sua pontuação total são apresentados na tabela seguinte.

Quadro 7.1 FRI de vários estaleiros de construção

SR NO.	NAME	SELECTED SCORE	% OF REWORK CHANCES	TYPE OF STAGE
1.	Pratham Ganesa	37	5	Normal Vigilance
2.	Green Paladia	36	5	Normal Vigilance
3.	Vatika Velly	43	5	Normal Vigilance
4.	Atria Residency	45	5	Normal Vigilance
5.	Ambica Pinacle	32	5	Normal Vigilance
6.	SNS Splendid	31	5	Normal Vigilance
7.	Global Textile Market	41	5	Normal Vigilance
8.	Cellestial Dreams	23	2.5	Approaching Success
9.	Saral Green Valley	26	2.5	Approaching Success
10.	Oriana Residency	27	2.5	Approaching Success
11.	Sumeru Residency	34	5	Normal Vigilance

A partir do quadro acima, concluímos que 3 projectos de construção se encontravam em fase de sucesso, 3 projectos de construção estavam em fase de vigilância normal e 0 projectos de construção estavam em fase de alerta de retrabalho.

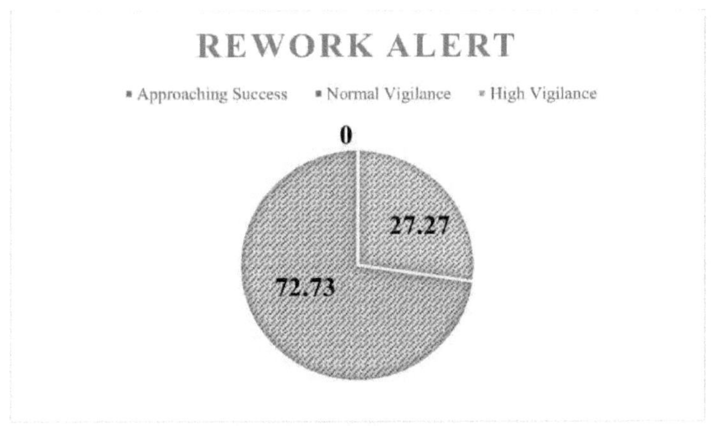

Figura: 7.1 Respostas recebidas do inquérito

CAPÍTULO 8
CONCLUSÕES / RESULTADOS

- A partir da literatura e do estudo no local, foram estudados 48 motivos de retrabalho, que foram agrupados em sete motivos principais.
- O método IMPI foi estudado e utilizado para analisar esses 48 factores e, utilizando esse método, foi finalizada a prioridade entre os factores.

> Os 5 principais factores, de acordo com o método IMPI, para o retrabalho nos estaleiros são

1. Leitura incorrecta de desenhos e especificações
2. Alterações do âmbito e da conceção
3. Entrada tardia do designer
4. Não aplicação de práticas de gestão da qualidade
5. Mudança de plano

- O valor do coeficiente de correlação da classificação de Spearman entre os dois grupos (experiência de 1 a 5 anos e experiência de 5 a 10 anos) é de 0,8843, o que mostra que existe uma diferença muito marginal na opinião dos engenheiros das instalações relativamente à classificação dos critérios e que todos eles apresentam uma correlação fortemente positiva.
- Utilizando os 14 principais factores, foi criado um FRI que pode funcionar como sistema de alerta para a indústria da construção civil.
- No total, 11 locais foram examinados quanto ao desempenho utilizando o FRI desenvolvido, dos quais 3 locais (27,27%) estão a ter uma abordagem bem sucedida, 8 locais (72,73%) estão a ter probabilidades normais de retrabalho e 0 locais estão a ter um alerta elevado.
- A mudança de material, a entrega fora do prazo e a mudança na equipa de arquitectos e designers têm um grande impacto nas possibilidades de retrabalho.

REFERÊNCIAS

1. Adnan Enshassi, Matthias Sundermeier e Mohamed Abo Zeiter. *"Factores que contribuem para o retrabalho e o seu impacto no desempenho dos projectos de construção"*. Revista Internacional de Engenharia e Tecnologia de Construção Sustentável (ISSN: 2180-3242) Vol 8, No 1, 2017.

2. Alwi, S, Hampson, K. e Mohamed, S. (2001), *"Effect of quality supervision on rework in the Indonesian context"*. Asia Pacific Building and Construction Management Journal, 6, ISSN 1024-9540, 1-9.

3. Bon-Gang Hwang; Stephen R. Thomas, M.ASCE, Carl T. Haas, M.ASCE & Carlos H. Caldas, M.ASCE *"Measuring the Impact of Rework on Construction Cost Performance "*10.1061/ASCE0733-9364; 135:3187.American Society of Civil Engineers.

4. Carl T. Haas, Paul M. Good rum & Carlos H. Caldas. *"Construction SmallProjects Rework Reduction for Capital Facilities"*, Sociedade Americana de Engenheiros Civis (ASCE) *(10.1061/ (ASCE) CO.1943 7862.0000552 (2012).*

5. Instituto da Indústria da Construção (CII) (2001b) *"An investigation of field rework in industrial construction",* resumo da investigação 153-11, Instituto da Indústria da Construção, Austin, Texas, EUA.

6. Di Zhang; Carl T. Haas, F.ASCE; Paul M. Goodrum, M.ASCE Carlos H. Caldas, M.ASCE e Robin Granger *"Construction Small-Projects Rework Reduction for Capital Facilities "*10.1061 (ASCE) CO.1943 7862.0000552. © 2012 Sociedade Americana de Engenheiros Civis.

7. Eric Kwame Simpeh *"An Analysis of the Causes and Impact of Rework in Construction Projects"* Universidade de Tecnologia da Península do Cabo.

8. Faisal Adnan & Imran Haider Naqvi *" Effect of Rework on Project Success "* ISSN 1013-5316; coden: sinte 8 Sci.Int.(Lahore), 27(1),575-580,2015.

9. Fayek, A. R., Dissanayake, M., e Campero, O. (2003), *"Measuring and classifying construction field rework: Um estudo piloto"*. Research Rep. (maio), Construction Owners Association of Alberta (COAA), The University of Alberta, Edmonton, Canadá.

10. Gui Ye, Zhigang Jin; Bo Xia; e Martin Skitmore *"Analyzing Causes for Reworks in Construction Projects in China"* 10.1061/(ASCE)ME.1943- 5479.0000347. © 2014 Sociedade Americana de Engenheiros Civis.

11. Hwang, B. G., Thomas, S. R., Haas, C. T., e Caldas, C. H. (2009), *"Measuring the Impact of Rework on Construction Cost Performance,"* Journal of Construction Engineering and Management, 135 (3): 187-198.

12. Ibrahim Mahamid, *"Analysis of Rework in Residential Building Projects in Palestine"*, Jordan Journal of Civil Engineering, Volume 10, N.º 2, 2016.

13. L. *O.* Oyewobi , A. A. Oke , B. O. Ganiyu , A. A. Shittu , R. B. Isa e L.N wokobia *"The effect of project types on the occurrence of rework in expanding economy"* Journal of Civil Engineering and Construction Technology Vol. 2(6), pp. 119-124, junho de 2011.

14. L.O. Oyewobi & D.R. Ogunsemi *"Factors Influencing Reworks Occurrence in Construction: A Study of Selected Building Projects in Nigeria"* Journal of Building Performance ISSN: 2180-2106 Volume 1 Issue 1 2010

15. L.O.Oyewobi, O. T. Ibironke, B. O. Ganiyu e A. W. Ola-Awo *"Evaluating rework cost- A study of selected building Projects in Niger State, Nigeria "*Journal of Geography and Regional Planning Vol. 4(3), pp. 147-151, março de 2011.

16. Mamata Rajgor, Chauhan Paresh, Patel Dhruv ,Panchal chirag ,Bhavsar Dhrmesh, *"RII & IMPI: Effective Techniques for Finding Delay in Construction Project"*, International Research Journal of Engineering and Technology (IRJET) e-ISSN: 2395 -0056, Volume: 03 Issue: 01 | Jan-2016.

17. Mohammed M. Abu Zaite *"Causes and effects of rework on construction projects in gaza strip"* (Causas e efeitos do retrabalho em projectos de construção na Faixa de Gaza), Universidade Islâmica de Gaza, Faculdade de Engenharia, Departamento de Engenharia Civil, Gestão de Projectos de Engenharia.

18. Oluwaseyi Ajayi & Opeyemi Oyeyipo *"Effect of Rework on Project Performance in Building Project in Nigeria"* International Journal of Engineering Research & Technology (IJERT) ISSN: 2278-0181; Vol. 4 Issue 02; fevereiro-2015

19. Peter E. D. Love e David J. Edwards *"Forensic Project Management: The Underlying Causes Of Rework In Construction Projects"* Civil. Eng. And Env. Syst. Mês de 2004, Vol. 00, pp. 1-22.

20. Robin McDonald, CCM, LEED G.A *"Root Causes & Consequential Cost of Rework"*, P.E.D. Love trabalha no Centro de Investigação Cooperativa para a Inovação na Construção, Departamento de Gestão da Construção, Universidade de Tecnologia de Curing, Perth, Austrália.

21. *S.Muralidharan, S.Thiyagarajan, "Factors Affecting Rework in Construction Project",* International Journal of Engineering Sciences & Research Technology, ISSN: 2277-9655, Jan-2016.

22. *Xueqing Zhang, "Critical Success Factors for Public-Private Partnerships in Infrastructure Development" (Factores críticos de sucesso para parcerias público-*

privadas no desenvolvimento de infra-estruturas). Journal of Construction
Engineering And Management © ASCE / janeiro de 2005 /3-14.

S. V. National Institute of Technology, Surat

DEPARTAMENTO DE ENGENHARIA CIVIL

QUESTIONÁRIO (Índice de importância)

Objectivos e âmbito do presente inquérito

O objetivo deste inquérito é obter informações da cidade de Surat sobre as causas e os efeitos do retrabalho em projectos de construção de edifícios, de modo a poder gerar um índice de retrabalho de campo (FRI) utilizando os principais factores.

Para preencher o inquérito

Para efeitos do inquérito, o retrabalho é definido como "*o esforço desnecessário de refazer um processo ou atividade que foi incorretamente implementado da primeira vez*". Especificamente, deve relacionar as respostas dadas com um projeto recentemente concluído em que tenha estado envolvido. É muito importante que cada pergunta seja lida com atenção e que todas as perguntas sejam respondidas.

Profissionais da construção civil abordados

O inquérito foi distribuído a engenheiros de instalações selecionados aleatoriamente. Asseguramos-lhe que as informações obtidas através deste inquérito serão mantidas estritamente confidenciais e serão utilizadas apenas para fins académicos. Os dados não serão disponibilizados a terceiros ou utilizados em qualquer material publicado, exceto como componente de estatísticas agregadas. A sua valiosa resposta é muito importante para o nosso projeto.

SECTION A: - RESPONDENT'S DETAILS

Muito obrigado pelo vosso valioso contributo e consideração.

[1] Nome: - _______________________________________

[2] Número de contacto: - _______________________________

[3] ID do correio eletrónico: - _______________________________

[4]   Experiência-: - [ ] 1 a 3 anos, [ ] 3 a 5 anos, [ ] 5 a 10 anos, [ ] >10 anos

[5]   Assinatura: ______________________________

[6]   **Neste método IMPI, a frequência de ocorrência e o grau de gravidade são indicados a seguir.**

CATEGORY	INDICATION
Frequency of Occurrence	A-Always
	O-Often
	S-Sometimes
	R-Rarely

CATEGORY	INDICATION
Degree of Severity	E-Extreme
	G-Grete
	M-Moderate
	L-Little

SECTION B: CAUSES OF REWORK

No.	REWORK CAUSES	Frequency Of Occurrence				Degree Of Severity			
		A	O	S	R	E	G	M	L
Causes Related to Design									
1.	Scope & Design Changes								
2.	Poor Project Document								
3.	Incomplete Information								
4.	Improper Planning								
5.	Software Errors/Mistakes								
6.	Qualification of Designer								
Causes Related to Material									
7.	Untimely Deliveries								
8.	Non-Compliance with Specifications								
9.	Materials not in Right Place when Required								
10.	Adulterated Materials								

No.	Cause									
11.	Change in Material									
12.	Class of Material									
Causes Related to Contractor										
13.	Misreading of Drawings & Specifications									
14.	Low Contract Value									
15.	Attempts to Fraud									
16.	Technically Unqualified									
17.	Financial Weakness									
Causes Related to Owner										
18.	Lack of Knowledge of Construction Process									
19.	Inadequate Briefing									
20.	Lack of Funding									
21.	Change in Officials									
22.	Need Early Completion of Work									
23.	Change of Plan									
24.	Improper Supervision									
Causes Related to External Environment										
25.	Political Situation (Siege-Conflicts)									
26.	Economy (Inflation, Exchange Rates, Market)									
27.	Natural Climates (Weather, Disaster)									
28.	Social (Changing Social Environment, Resistances)									
29.	Technological (Techniques, Facilities, Machines)									
Causes Related to Construction Process										
30.	Failure to Implement Quality Management Practices									
31.	Rigidity to Improvement									

32.	Absence of Clear Uniform Standard to Accept Work								
33.	Unclear Work Specification								
34.	Inadequate Pre-Project Planning								
35.	Constructability Problems								
36.	Lack of Audit And Control								
37.	Schedule Pressures								
38.	Late Designer Input								
39.	No Appointment of Project Manager								
40.	Lake of Scheduling								
41.	Selection of Wrong Method								
Causes Related to Human Resource Capability									
42.	Excessive Overtime								
43.	Absence of Job Security								
44.	Lack of Employee Motivation								
45.	Insufficient Training and Skill Development								
46.	Unclear Line of Authority and Responsibility								
47.	Conflict of Interest								
48.	Lack of Safety and Welfare Commitment								

Se quiser acrescentar alguma recomendação para reduzir o retrabalho em projectos de construção ou qualquer outra coisa que possa ser útil para este projeto, por favor escreva no espaço indicado.

Obrigado pela cooperação

Para contacto com o investigador:

Rushabh A. Shah (Bolseiro de doutoramento)

Correio eletrónico: rushshah307@gmail.com

N.º de contacto: 8866545320

S. V. National Institute of Technology, Surat

Departamento de Engenharia Civil

QUESTIONÁRIO DO INQUÉRITO

ÍNDICE DE RETRABALHO NO TERRENO

Caro inquirido,

Este inquérito faz parte de um trabalho de investigação em curso sobre "Índice de retrabalho no terreno: Uma ferramenta de alerta precoce para a medição do desempenho da indústria da construção civil". Garanto-vos que os dados recolhidos serão utilizados exclusivamente para fins académicos e permanecerão estritamente confidenciais. Para qualquer questão ou mais pormenores sobre o trabalho de investigação, pode contactar-me por correio eletrónico para: **rushshah307@gmail.com.**

Neste contexto, como parte da fase I, obtive respostas de engenheiros de estaleiros de indústrias de construção para classificar os factores responsáveis pelo retrabalho e, como resultado, foram selecionados os catorze principais factores com a sua classificação. Com este questionário da fase II, é-lhe pedido que dê a sua opinião de especialista para avaliar os critérios e validar as classificações.

Muito obrigado pelo vosso valioso contributo e consideração.

Com os melhores cumprimentos,

Rushabh Ajaykumar Shah

Bolseiro de doutoramento,

CED, SVNIT, Surat

SECÇÃO:-UMA INTRODUÇÃO GERAL SOBRE O ÍNDICE DE RETRABALHO NO TERRENO

O FRI é uma ferramenta desenvolvida pela Equipa de Investigação 153 do CII (Rogge et al. 2001) para fornecer um alerta precoce se um projeto se encaminha para níveis elevados de retrabalho no terreno. O FRI destina-se a ser utilizado antes do início da construção.

Para desenvolver o FRI, foi primeiro elaborada uma lista de possíveis indicadores de retrabalho no terreno, que foi testada com dados retirados de projectos de construção. Esta informação foi obtida através de um inquérito por questionário a uma série de projectos de construção. A base de dados, constituída por medições de retrabalho, classificações subjectivas e variáveis de projeto identificadas como potencialmente relacionadas com o retrabalho no terreno, foi então desenvolvida com base nos resultados do inquérito por questionário.

Foi efectuada uma análise para determinar a relação entre estas variáveis e o retrabalho no terreno. O índice de retrabalho no terreno (FRI) resultou da análise estatística da base de dados. A equipa de investigação conseguiu determinar que existiam relações significativas entre o retrabalho no terreno e determinadas variáveis e parâmetros de projeto estudados.

SECÇÃO-B: PROJECTO E DADOS DO INQUIRIDO

[1] **Nome do projeto:** ____

[2] **Tipo de projeto:** ____

[3] **Nome do inquirido:** ____

[4] **Detalhes do contacto:** ____

[5] **Tipo de profissão: Projetista [ ] Engenheiro de obra [ ] Empreiteiro [ ] Proprietário [ ]**

[6] **Experiência no domínio em causa: [ ] < 5 anos [ ] 5-10 anos [ ] 10-15 anos [ ] 15-20 anos [ ] > 20 anos**

[7] **Cidade:** _________________

No.	Questionnaire (FROM IMPI METHOD)	Answer (option)	Score	Answer (option)	Selected Score
1.	Are you having a qualified team on your site?	Highly qualified	1 2 3 4 5	Unskilled	
2.	Is there change in scope & design during your project?	Frequently	1 2 3 4 5	Not at all	
3.	Are you getting planning & designing at pre-defined times?	Always	1 2 3 4 5	Hardly Ever	
4.	Are you adopting any quality check at some interval?	Always	1 2 3 4 5	Hardly Ever	
5.	How many times you need to change the original plan with existing plan.	Sometimes	1 2 3 4 5	Rarely	
6.	Are you changing your team of Architect, designer etc. during project?	Sometimes	1 2 3 4 5	Rarely	
7.	Are you using materials as per design & specification?	Always	1 2 3 4 5	Never	
8.	Are you getting all the required details on required times?	Every time	1 2 3 4 5	Never	
9.	How many time you seen that the delivery was not done on time?	Frequently	1 2 3 4 5	Not at all	
10.	Is your supervisor supervising work at regular interval?	Every time	1 2 3 4 5	Never	
11.	While improvement in planning are you considering feasibility?	Always	1 2 3 4 5	Never	
12.	Did you follow up all the control & audit as per requirement?	Very High Level	1 2 3 4 5	None	
13.	Are you changing materials during the execution of work?	Frequently	1 2 3 4 5	Not at all	
14.	Are you aware with advanced construction process?	Completely	1 2 3 4 5	Not at all	

A seguinte escala é preparada para fornecer uma pontuação para cada causa de retrabalho relacionada com cada um dos catorze principais factores.

A pontuação FRI é 1, o que indica o impacto de valor positivo do fator. A pontuação é 5, o que indica o valor negativo do fator. Se as suas indicações se situarem entre 1 e 5, assinale 2, 3 e 4 de acordo com o impacto do fator no seu projeto.

Se estiver de acordo, responda ao seguinte índice sobre a sua opinião acerca das causas do retrabalho.

Indique a sua resposta atribuindo a pontuação adequada a cada causa de retrabalho.

Obrigado por dispensar o seu precioso tempo. Os seus comentários serão utilizados para sensibilizar para o retrabalho no seu projeto de acordo com a pontuação total do índice.

As suas observações / sugestões adicionais:

Obrigado por ter dado um feedback valioso e por se ter tornado parte do meu trabalho de investigação.

Sinal do inquirido ____________

Lista de inquiridos

Sr. No.	Respondents	Sr. No.	Respondents	Sr. No.	Respondents
1	Balar Jigar H.	19	Chitranjan Sahu	37	Vivekkumar D. Patel
2	Chitrang L. Tejani	20	Rishi Gumasana	38	Jitesh B. Khalasi
3	Piyush Sardhara	21	Sanket Patel	39	Bhavin M. Patel
4	Jadeep Patel	22	Suraj Dabariya	40	Rana Divyesh Ashiwnbhai
5	Sanjay Sardhara	23	Kotwal Krunal	41	Keyurbhai Shah
6	Samarth Jariwala	24	Paresh Parmar	42	Kalpesh Chotaliya
7	Patel Dipesh	25	Pratik Khalasi	43	Paresh Patel
8	Chaudhari AKshay G.	26	Kruti Gamit	44	Lad Jignesh
9	Jaymeen J. Patel	27	Vidusi D. Methvani	45	Bhavesh Kansara
10	Ruchit Mistry	28	Darshanbhai Patel	46	Bhavesh Kalasi
11	Trivedi Bhavesh D.	29	V. Sangath		
12	Raju J. Gondaliya	30	Nainesh Shah		
13	Keyur K. Naik	31	Ankit Prajapati		
14	Ashokbhai P. Patel	32	Mirvan Patel		
15	Ketan K. Patel	33	Kisha Rathod		
16	Arup Bhattacharya	34	Dhwanil D. Tandlekar		
17	Kanchi Hemal B.	35	Priyanka Jani		
18	Dilip Patel	36	Alpesh D. Wala		

Classificação geral das causas de retrabalho utilizando o método IMPI

Ranking	Factor	FI	SI	IMPI
1	Misreading of Drawings & Specifications	83.6957	80.4348	67.3204
2	Scope & Design Changes	82.6087	79.3478	65.5482
3	Late Designer Input	83.6957	76.6304	64.1363
4	Failure to Implement Quality Management Practices	83.1522	76.0870	63.2680
5	Change of Plan	85.3261	73.9130	63.0671
6	Change in Officials	78.2609	80.4348	62.9490
7	Non-Compliance with Specifications	79.3478	78.8043	62.5295
8	Incomplete Information	83.6957	74.4565	62.3169
9	Untimely Deliveries	77.1739	80.4348	62.0747
10	Improper Supervision	78.2609	78.2609	61.2476
11	Rigidity to Improvement	81.5217	72.2826	58.9260
12	Lack of Audit And Control	72.2826	81.5217	58.9260
13	Change in Material	75.0000	77.7174	58.2880
14	Lack of Knowledge of Construction Process	75.0000	77.7174	58.2880
15	Schedule Pressures	70.1087	81.5217	57.1538
16	Inadequate Pre-Project Planning	73.3696	77.1739	56.6222
17	Lake of Scheduling	71.7391	77.7174	55.7538
18	Materials not in Right Place when Required	73.9130	75.0000	55.4348
19	Excessive Overtime	65.2174	81.5217	53.1664
20	Political Situation (Siege- Conflicts)	72.8261	72.2826	52.6406
21	Need Early Completion of Work	66.8478	78.2609	52.3157
22	Poor Project Document	65.7609	71.7391	47.1763
23	Lack of Employee Motivation	68.4783	67.9348	46.5206
24	Absence of Job Security	65.7609	70.1087	46.1041
25	Improper Planning	66.3043	67.9348	45.0437
26	Qualification of Designer	65.7609	67.3913	44.3171
27	Low Contract Value	68.4783	63.5870	43.5432
28	Technological (Techniques, Facilities, Machines)	66.3043	65.2174	43.2420
29	Class of Material	63.0435	66.3043	41.8006
30	Financial Weakness	70.1087	58.1522	40.7697
31	Natural Climates (Weather, Disaster)	57.6087	69.0217	39.7625
32	Unclear Work Specification	64.1304	59.7826	38.3388
33	Inadequate Briefing	62.5000	59.7826	37.3641

34	Adulterated Materials	64.1304	58.1522	37.2932
35	Insufficient Training and Skill Development	61.4130	60.3261	37.0481
36	No Appointment of Project Manager	61.9565	54.3478	33.6720
37	Software Errors/Mistakes	54.8913	60.8696	33.4121
38	Lack of Funding	59.2391	55.9783	33.1610
39	Economy (Inflation, Exchange Rates, Market)	59.7826	55.4348	33.1404
40	Technically Unqualified	59.7826	54.8913	32.8155
41	Selection of Wrong Method	54.3478	59.7826	32.4905
42	Unclear Line of Authority and Responsibility	55.4348	57.6087	31.9353
43	Absence of Clear Uniform Standard to Accept Work	54.3478	58.1522	31.6044
44	Constructability Problems	55.4348	54.8913	30.4289
45	Social (Changing Social Environment, Resistances)	56.5217	52.1739	29.4896
46	Lack of Safety and Welfare Commitment	54.3478	52.7174	28.6508
47	Attempts to Fraud	59.7826	47.8261	28.5917
48	Conflict of Interest	53.8043	51.6304	27.7794

Cálculo da correlação de postos de Spearman

Ranking	Factor	Ranking For Experience 1 to 5 years	Ranking For Experience 5 to 10 years	D	D²
1	Scope & Design Changes	2	4	-2	4
2	Poor Project Document	28	22	6	36
3	Incomplete Information	11	3	8	64
4	Improper Planning	26	25	1	1
5	Software Errors/Mistakes	45	32	13	169
6	Qualification of Designer	23	28	-5	25
7	Untimely Deliveries	5	11	-6	36
8	Non-Compliance with Specifications	3	10	-7	49
9	Materials not in Right Place when Required	24	7	17	289
10	Adulterated Materials	31	37	-6	36
11	Change in Material	14	13	1	1
12	Class of Material	20	38	-18	324
13	Misreading of Drawings & Specifications	1	2	-1	1
14	Low Contract Value	27	27	0	0
15	Attempts to Fraud	46	47	-1	1
16	Technically Unqualified	35	45	-10	100
17	Financial Weakness	34	24	10	100
18	Lack of Knowledge of Construction Process	9	18	-9	81
19	Inadequate Briefing	36	29	7	49
20	Lack of Funding	44	34	10	100
21	Change in Officials	6	8	-2	4
22	Need Early Completion of Work	22	20	2	4
23	Change of Plan	7	5	2	4
24	Improper Supervision	10	6	4	16
25	Political Situation (Siege- Conflicts)	21	19	2	4
26	Economy (Inflation, Exchange Rates, Market)	37	41	-4	16
27	Natural Climates	30	31	-1	1

	(Weather, Disaster)				
28	Social (Changing Social Environment, Resistances)	47	44	3	9
29	Technological (Techniques, Facilities, Machines)	29	26	3	9
30	Failure to Implement Quality Management Practices	4	9	-5	25
31	Rigidity to Improvement	8	16	-8	64
32	Absence of Clear Uniform Standard to Accept Work	39	43	-4	16
33	Unclear Work Specification	32	33	-1	1
34	Inadequate Pre-Project Planning	18	14	4	16
35	Constructability Problems	43	42	1	1
36	Lack of Audit And Control	15	12	3	9
37	Schedule Pressures	12	17	-5	25
38	Late Designer Input	13	1	12	144
39	No Appointment of Project Manager	41	36	5	25
40	Lake of Scheduling	17	15	2	4
41	Selection of Wrong Method	40	40	0	0
42	Excessive Overtime	16	21	-5	25
43	Absence of Job Security	19	30	-11	121
44	Lack of Employee Motivation	25	23	2	4
45	Insufficient Training and Skill Development	33	35	-2	4
46	Unclear Line of Authority and Responsibility	42	39	3	9
47	Conflict of Interest	38	48	-10	100
48	Lack of Safety and Welfare Commitment	48	46	2	4
Total D^2					2130

Printed by Books on Demand GmbH, Norderstedt / Germany